数学小天才的一年级预备课

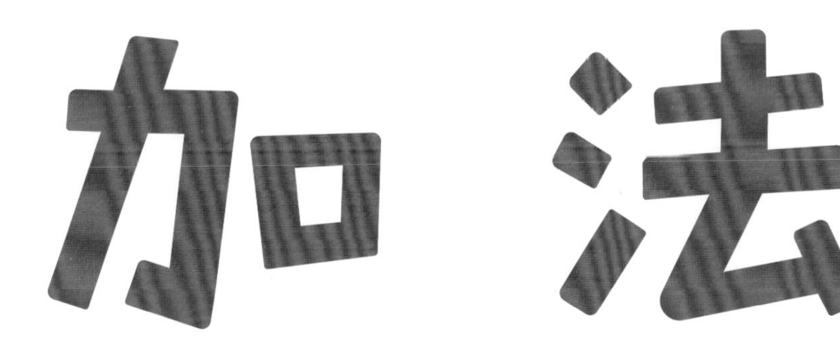

加法

[美] 约瑟夫·米森 文
[美] 萨缪·希提 图
仇韵舒 译

文匯出版社

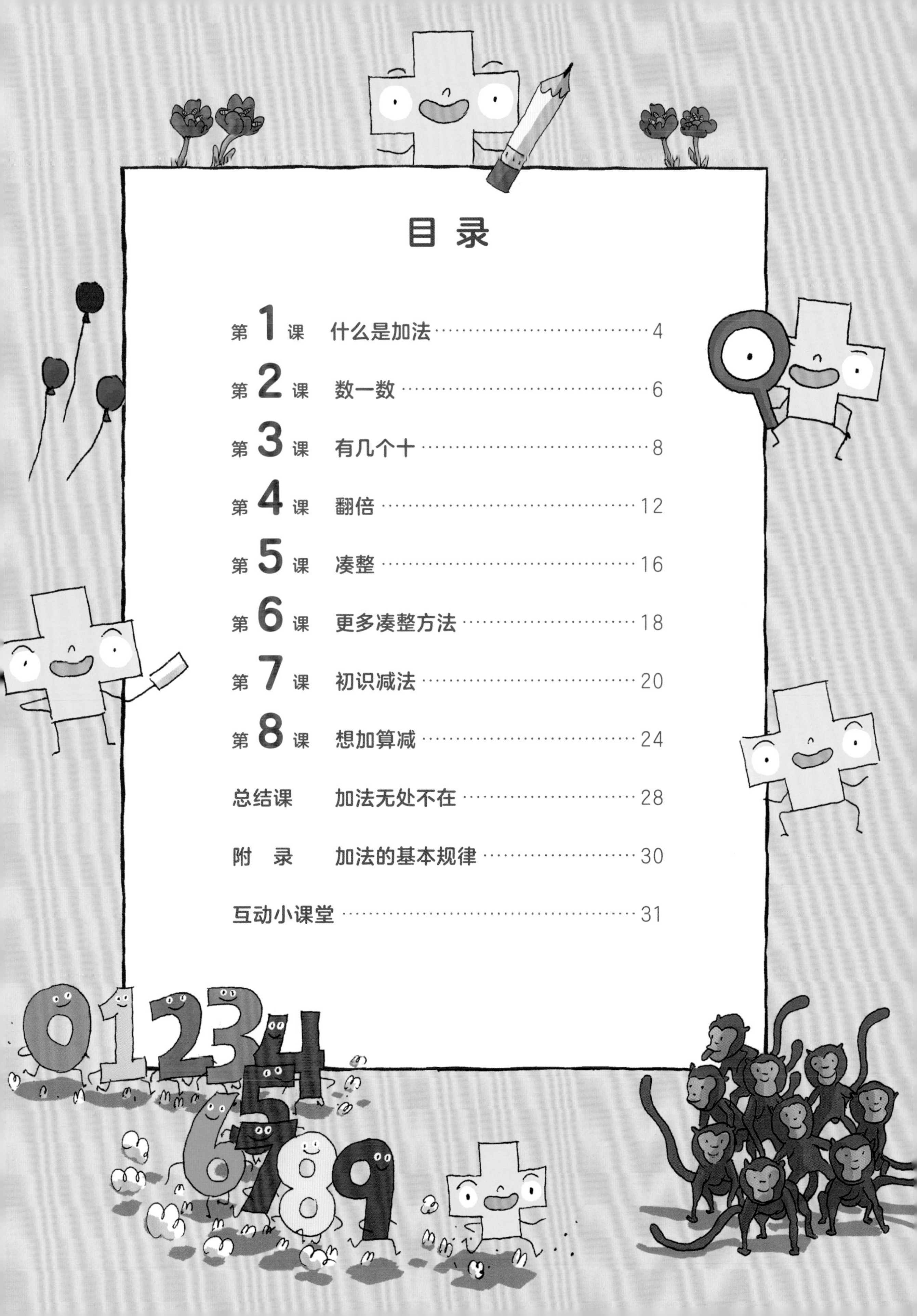

目录

第1课 什么是加法

嘿！
8
+ 4
12

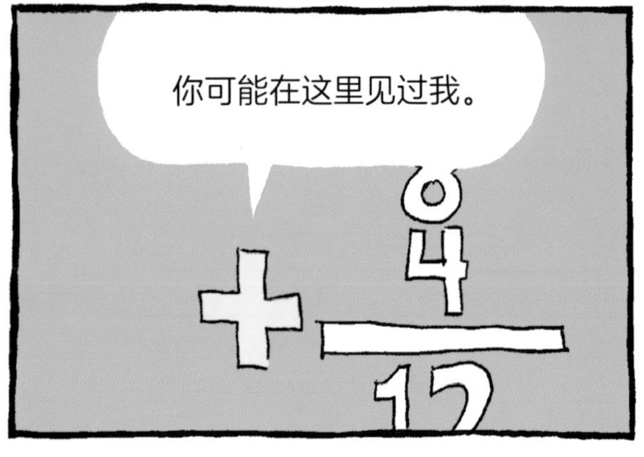
你可能在这里见过我。

我是
加号。
我能把两个数加
在一起。
噗

你可以用我来描述周围的世界。
咚

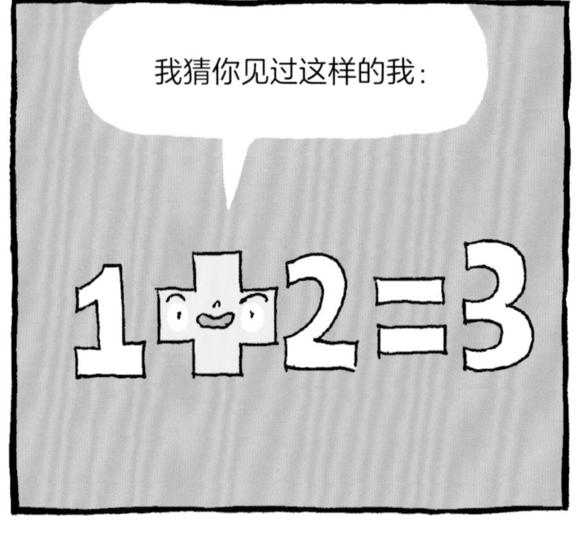
我猜你见过这样的我：
1+2=3

也许你在心里
想过我，
也许你还用笔写过我。
不管怎样，让我们
重新认识一下，一
起玩耍吧！

跟我来！
咻——

吁——

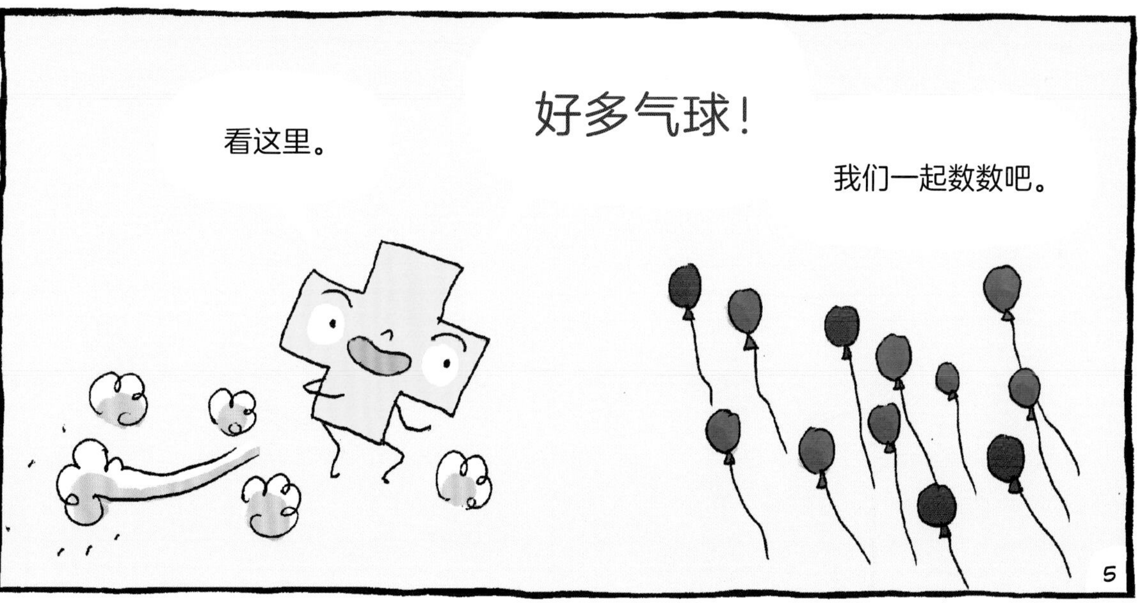
看这里。
好多气球！
我们一起数数吧。

第2课　数一数

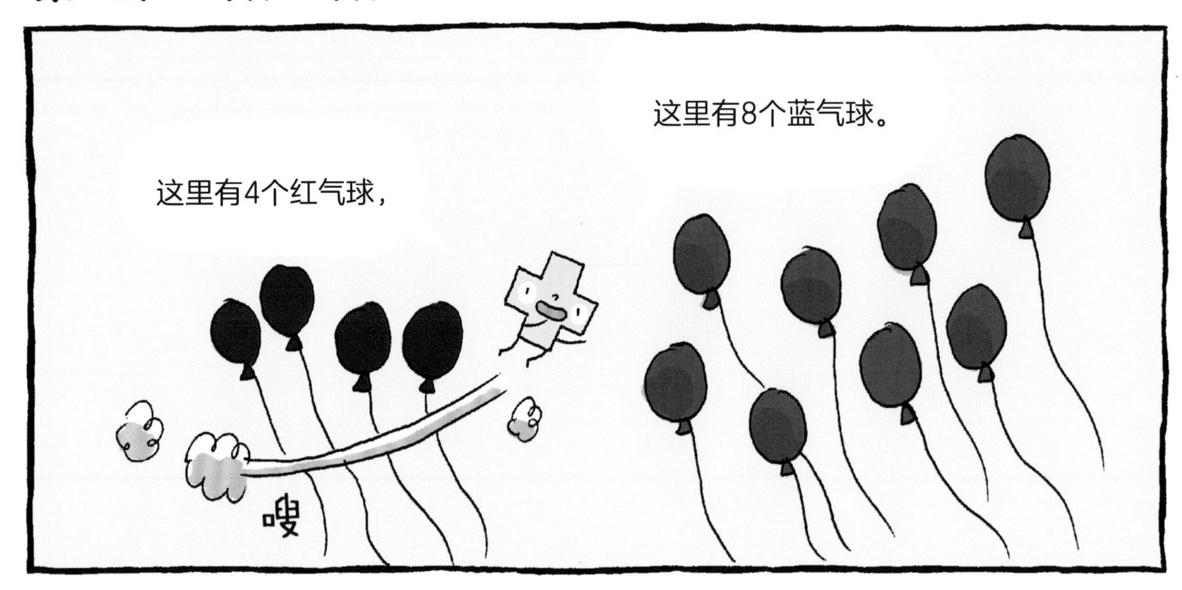
这里有4个红气球，
这里有8个蓝气球。
嗖

一共有几个气球呢？

这两个数怎么加起来呢？

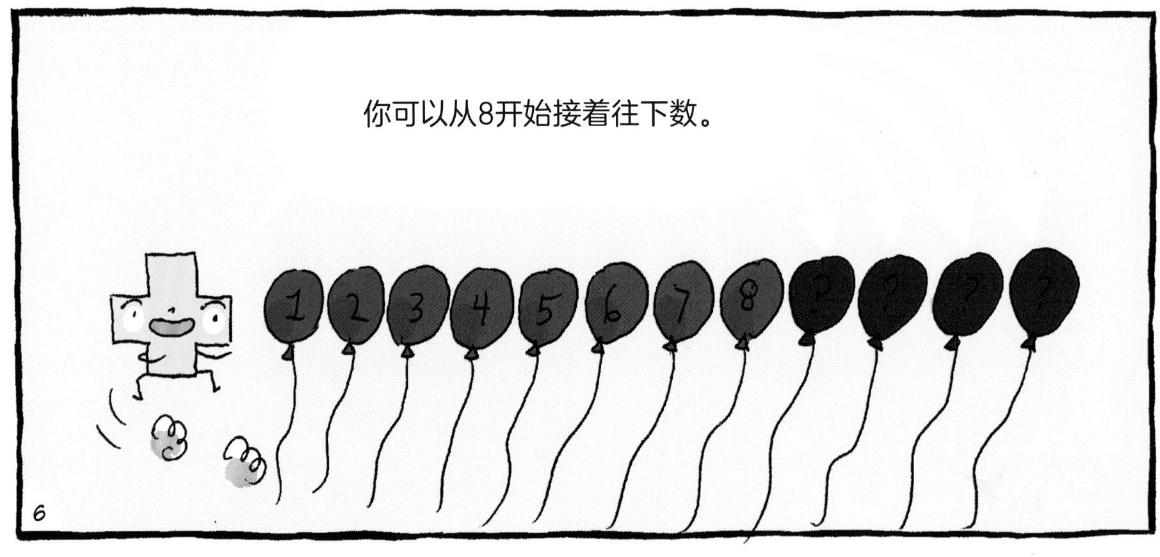
你可以从8开始接着往下数。
1
2
3
4
5
6
7
8

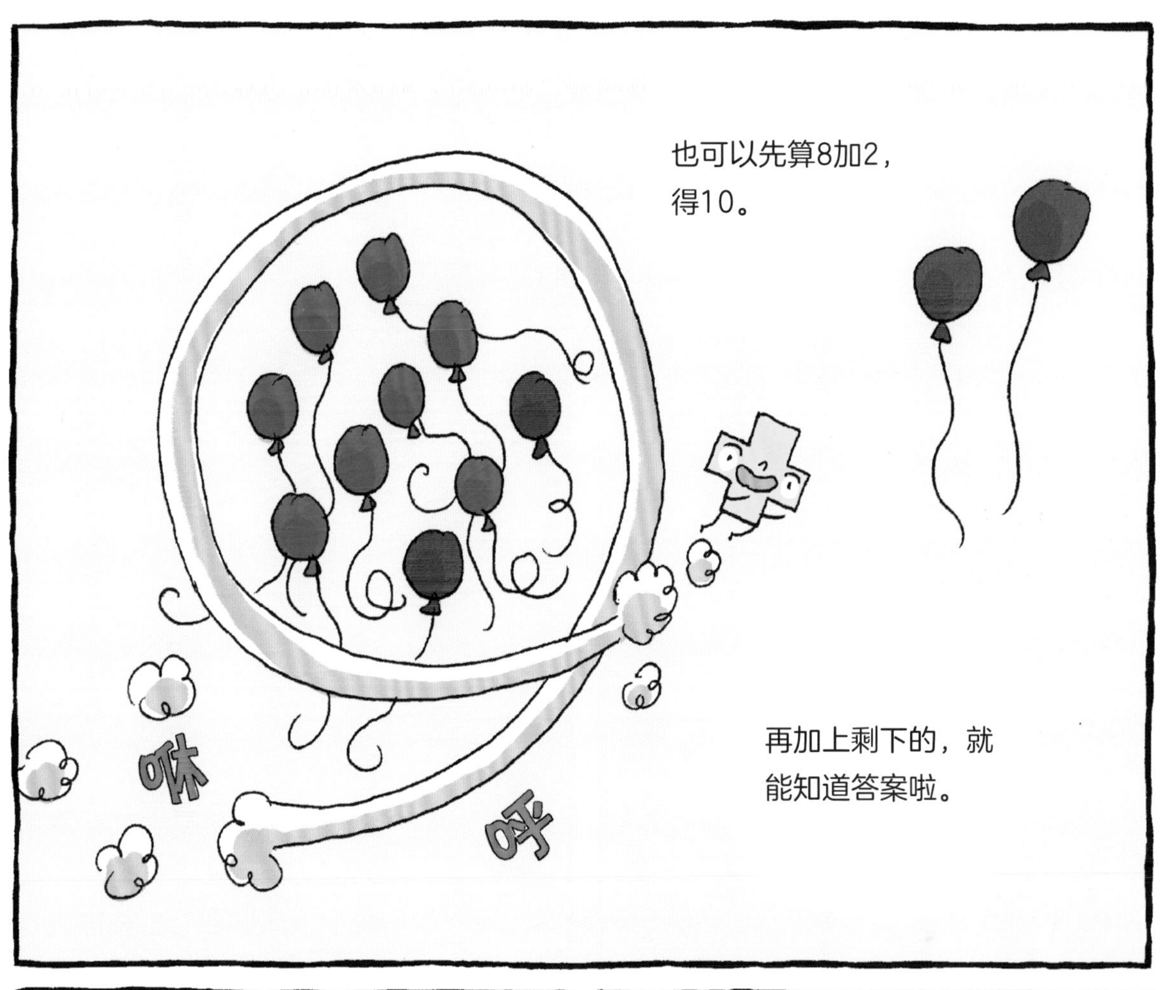

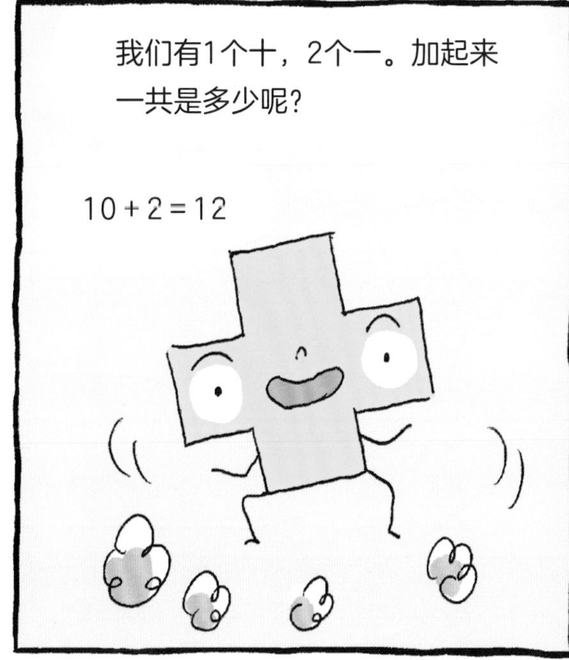

恭喜你认识了加号，学会了加法的初步计算！休息一下再继续吧。

第3课　有几个十

看，是蚂蚁和蚜虫！
我最喜欢昆虫啦！

我们先来数数蚂蚁。
这里有几只蚂蚁呢？

现在，再来数数蚜虫。
12只

15只
这里一共有多少只昆虫呢？
嗯……
啊？

别担心！
我们一起找答案。

出发！

先找找有几个十。
像这样。

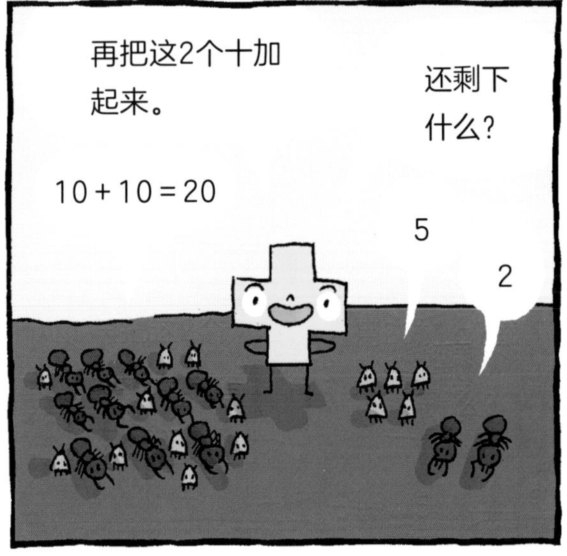
再把这2个十加起来。
10 + 10 = 20
还剩下什么？
5
2

5加2等于……
7

我们到底有几只呀？
用20加上7就知道啦！

我们再试试用别的方法来加这两个数。
12 + 15
10 2 10 5

先把个位加起来。
10
2
吱

个位相加等于多少呀？
10
5
吱

2加5等于……
7

用凑十法计算起来是不是更快呢？休息一下再继续吧。

第4课　翻倍

你听说过“翻倍”吗？
明白了什么是翻倍，就能加得更快了！
翻倍就是加上“自己”。1翻个倍，就是1加上1，就成了2。

2翻个倍就成了4。

3翻个倍就成了6。
噗
饮料
饮料
饮料

4翻个倍就成了8。
啊！

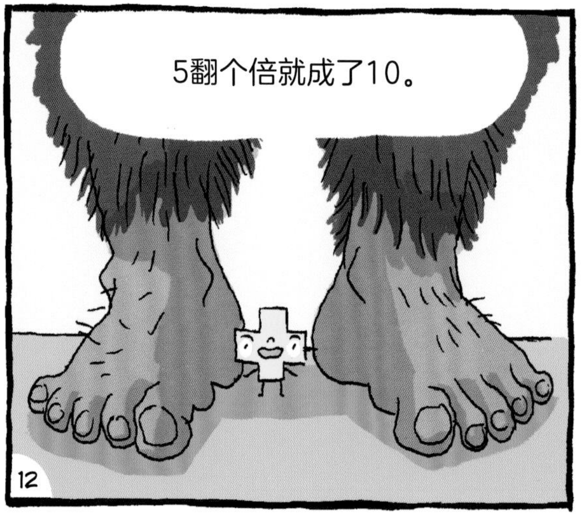
5翻个倍就成了10。

6翻个倍就成了12。

7翻个倍是14。

8翻个倍是16。
蜡笔

9翻个倍是18。

10翻个倍
是20！

我们用翻倍的规律
算算5加6等于多
少吧！
咚
咚

5加6就相当于5翻个倍再加上1。
啪

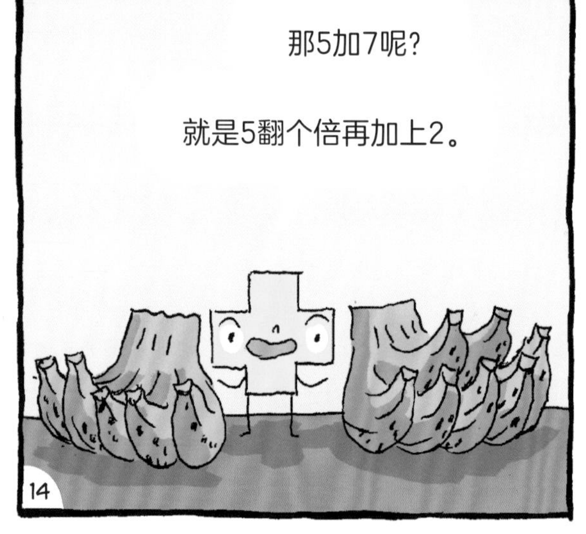
那5加7呢？
就是5翻个倍再加上2。

或者也可以说是6翻个倍。
啪
啪

翻倍的方法掌握了吗？休息一下吧。

第5课　凑整

有时候，数并不好算。
要把它们加起来，只靠心算实在是太难了！
但我们可以拆数凑整，这样就简单多啦。
聪明的你，能给我举一个例子吗？

当然。
比如，我们要把这排的11粒种子和那排的9粒种子相加。
算算一共有几粒种子吧。

先把11拆成10 + 1。
11 + 9就相当于10 + 1 + 9。
咻
啪

先算1加上9，
扑通

得10。

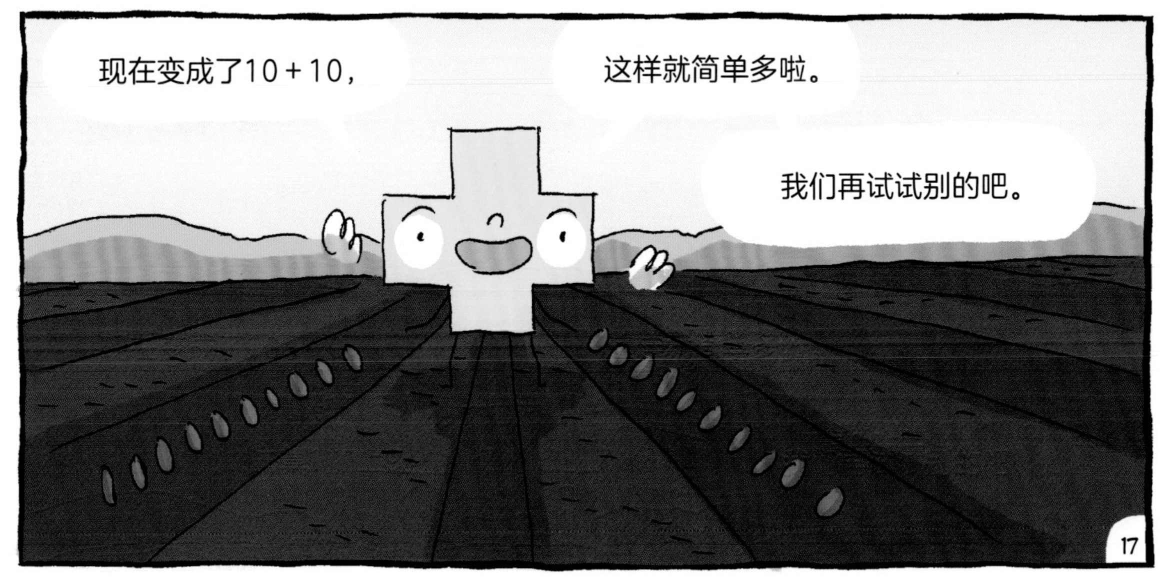
现在变成了10 + 10，
这样就简单多啦。
我们再试试别的吧。

第6课　更多凑整方法

看看这两个数。
你能心算算出答案吗？
18只差一点就能变成20了，何不从23里挪个2出来给18呢？
23
18

如果把数想象成某种具体的东西，
比如23个橄榄球和18个网球。

我们来凑整吧。
23
18

凑整法算得更快，休息一下再继续。

第7课　初识减法

想象你是一条鲨鱼。
我们来试试更难的题目吧。
嘿！
我就是你。

在大海中生存并不容易，你已经利用闲暇时间，计算了自己的生存所需。
我好饿。

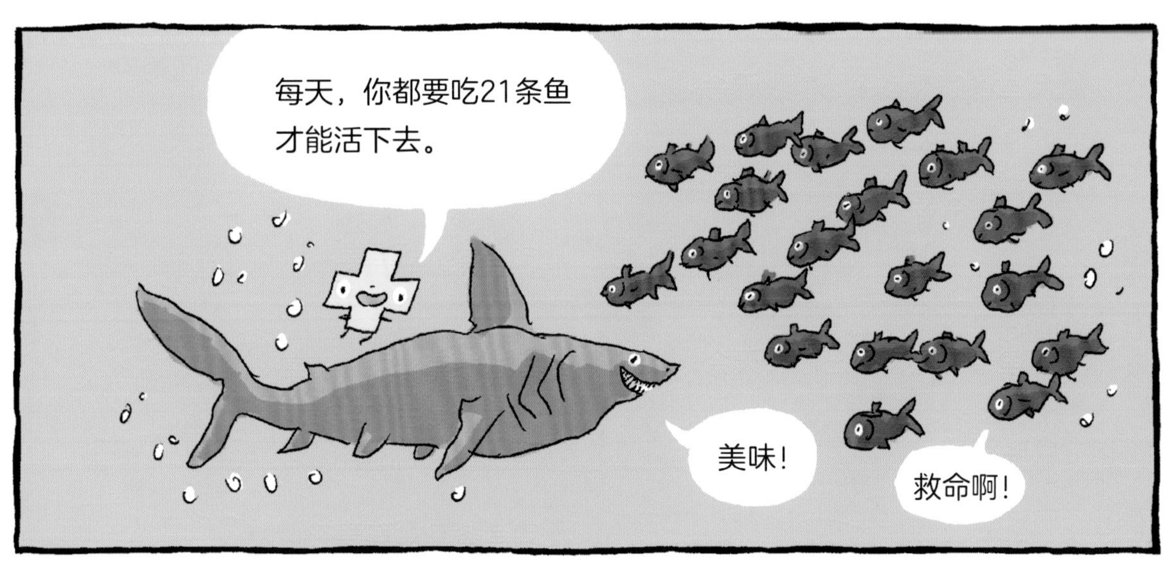
每天，你都要吃21条鱼
才能活下去。
美味！
救命啊！

噫！
吧唧
吧唧
吧唧
吧唧
吧唧
吧唧

今天，你已经吃了10条鱼了。

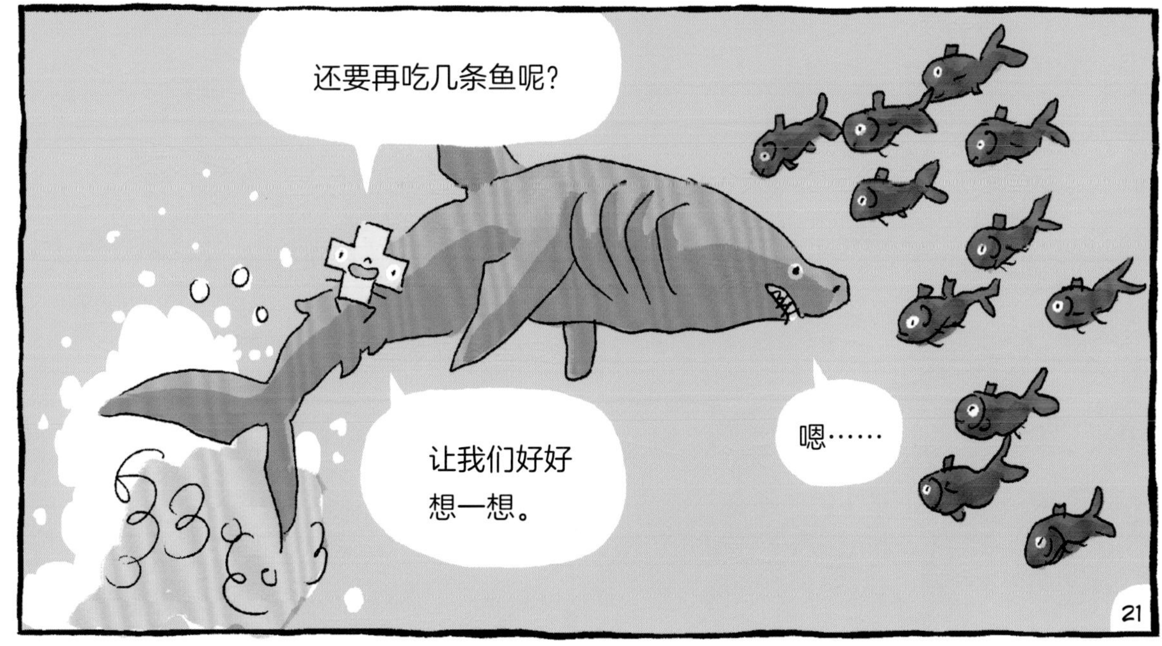
还要再吃几条鱼呢？
让我们好好
想一想。
嗯……

已知你一共要吃21条鱼。
现在吃了10条。
让10翻个倍怎么样?
没错，先让10翻个倍!

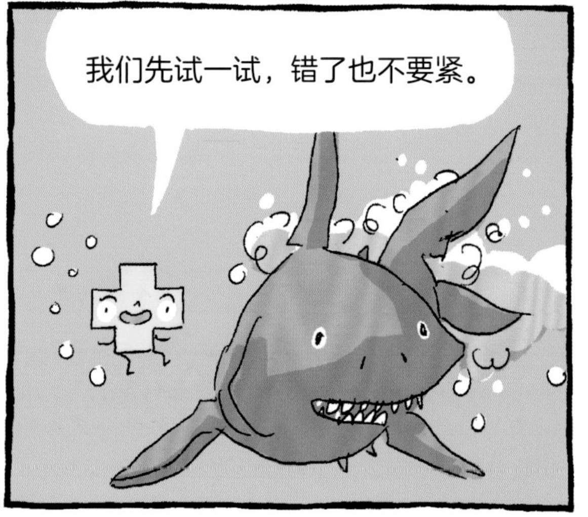
我们先试一试，错了也不要紧。

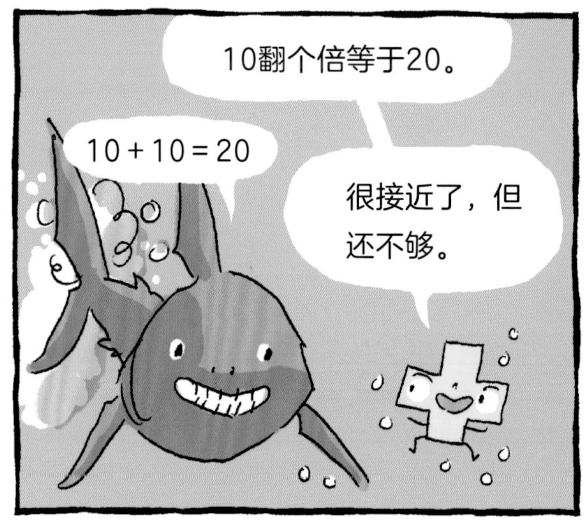
10翻个倍等于20。
10 + 10 = 20
很接近了，但还不够。

还差1才到21呢。
嗯……

所以我要先吃10条鱼，然后再吃1条?
没错，答对了!

恭喜你加法计算越来越熟练了，快快休息一下吧。

第8课　想加算减

这群有15只鹈鹕（tí hú），

而这群有23只海鸥。

海鸥比鹈鹕多几只呀？

我们可以先挑出相同的数量来配对。

这边是15只鹈鹕。
这边挑出15只海鸥。

两边都是15只。海鸥还剩下几只呢？

你算出来了吗？
没有。
答案在我们头顶上。
嗯？

用加法算减法是不是很神奇呢？休息一下再继续吧。

总结课　加法无处不在

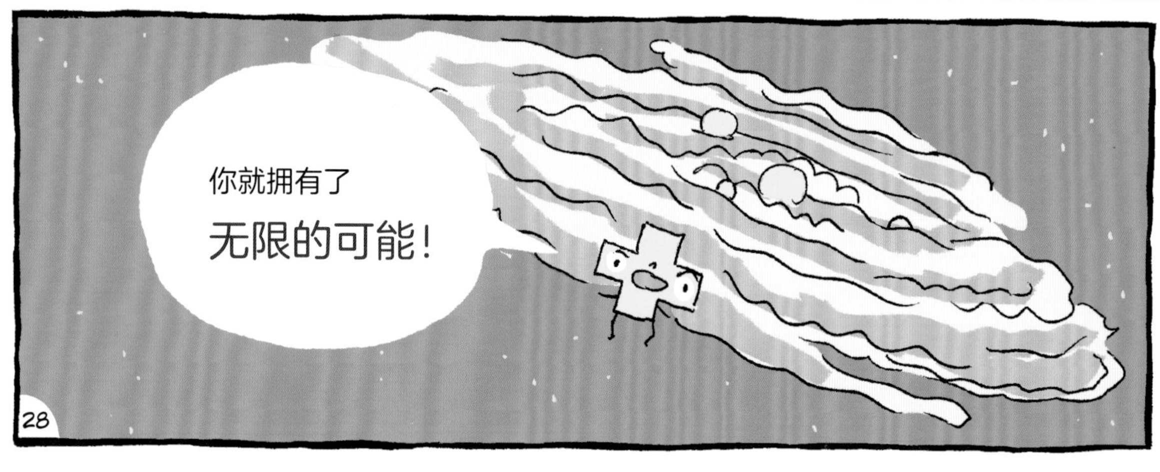

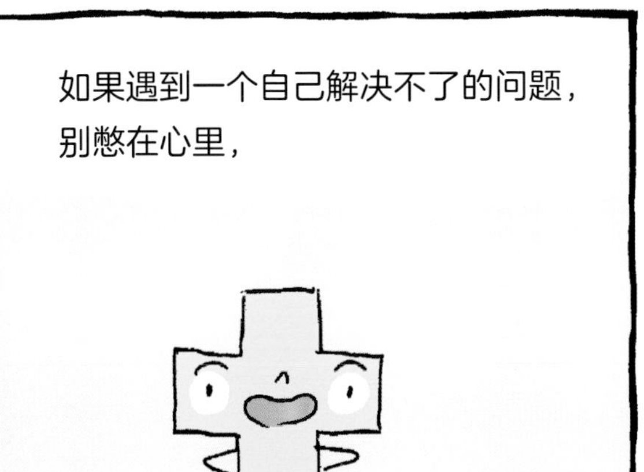

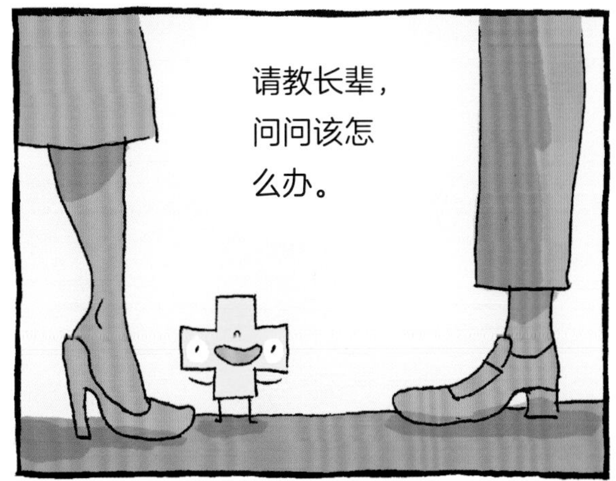

继续加油，后面还有实际应用哦。

附录　加法的基本规律

这张表格可以帮你像数1、2、3一样做加法。

它也能帮你学习加法的基本规律。

下面是它的使用方法：

从第一列选一个数字，指出它所在的那一行。

再从第一行选一个数字，指出它所在的那一列。

找到行列交会的那一格。

这就是这两个数字的和。

+	0	1	2	3	4	5	6	7	8	9	10
0	0	1	2	3	4	5	6	7	8	9	10
1	1	2	3	4	5	6	7	8	9	10	11
2	2	3	4	5	6	7	8	9	10	11	12
3	3	4	5	6	7	8	9	10	11	12	13
4	4	5	6	7	8	9	10	11	12	13	14
5	5	6	7	8	9	10	11	12	13	14	15
6	6	7	8	9	10	11	12	13	14	15	16
7	7	8	9	10	11	12	13	14	15	16	17
8	8	9	10	11	12	13	14	15	16	17	18
9	9	10	11	12	13	14	15	16	17	18	19
10	10	11	12	13	14	15	16	17	18	19	20

例如：

$1+0=1$，$1+2=3$，$1+3=4$ ……

互动小课堂

课本知识提前学

本书先从认识加号开始，由浅入深地学习加法的各种计算方法，如数一数、凑十法、凑整法、翻倍法、想加算减法等。这些内容是对一年级数学教材中加法部分的补充与提升。

数一数：
从一个加数开始接着往下数，帮助孩子初步建立加法的概念，理解加法的本质。

翻倍法：
快速计算加法的方法，即相同的两个数字相加，拓宽孩子的思路。

巧算法：
十位和个位分别计算再相加，是加法竖式的思想，帮助孩子理解竖式的内在逻辑。

想加算减法：
利用加法进行减法计算，初识加法和减法之间的关系。

生活中的加法小课堂

用加法算一算全家人一顿晚餐要用多少碗碟和筷子。能想到哪些计算方法呢？试试用凑整法和翻倍法吧。

分别数一数家里的碗碟和筷子的数量。是碗碟多，还是筷子多呢？用加法算一算多了多少。

图书在版编目（CIP）数据

数学小天才的一年级预备课. 加法 / (美) 约瑟夫·米森 (Joseph Midthun) 文；(美) 萨缪·希提 (Samuel Hiti) 图；仇韵舒译. — 上海：文汇出版社，2020.12

ISBN 978-7-5496-3334-0

Ⅰ. ①数… Ⅱ. ①约… ②萨… ③仇… Ⅲ. ①数学—儿童读物 Ⅳ. ①O1-49

中国版本图书馆CIP数据核字（2020）第187240号

数学小天才的一年级预备课. 加法

作　　者 / [美] 约瑟夫·米森（文）
　　　　　[美] 萨缪·希提（图）
译　　者 / 仇韵舒

责任编辑 / 文　荟
特邀编辑 / 赵佳琪　　蔡若兰
封面装帧 / 吕倩雯
内文排版 / 徐　瑾

出版发行 / 文匯出版社
　　　　　上海市威海路 755 号
　　　　　（邮政编码 200041）
经　　销 / 全国新华书店
印刷装订 / 北京盛通印刷股份有限公司
版　　次 / 2020 年 12 月第 1 版
印　　次 / 2020 年 12 月第 1 次印刷
开　　本 / 787mm × 1092mm　1/16
总 字 数 / 16 千字
总 印 张 / 12
ISBN 978-7-5496-3334-0
定　　价 / 150.00 元（全6册）

数学小天才的一年级预备课

加法

每天7分钟漫画课，加减乘除都会做！

从认识加号开始，带孩子学习加法计算中的5种巧算方法：
数一数、凑十法、凑整法、翻倍法、想加算减法。
本书是对一年级数学教材的完美补充与提升。
家长再也不用担心幼小衔接，孩子在家提前就学会。

数学小天才的一年级预备课・全6册

建议上架：儿童绘本/儿童科普
ISBN 978-7-5496-3334-0

熊猫君激发个人成长
www.dookbook.com

定价：150.00元
（全6册）